Daniel Mirgorodsky

Radarfernerkundung in der Geologie. Exploration und Radar Rivers

GRIN Verlag

Bibliografische Information der Deutschen Nationalbibliothek:

Die Deutsche Bibliothek verzeichnet diese Publikation in der Deutschen National-
bibliografie; detaillierte bibliografische Daten sind im Internet über http://dnb.d-
nb.de/ abrufbar.

Impressum:

Copyright © 2005 GRIN Verlag GmbH
Druck und Bindung: Books on Demand GmbH, Norderstedt Germany
ISBN: 978-3-656-44608-8

Dieses Buch bei GRIN:

http://www.grin.com/de/e-book/64521/radarfernerkundung-in-der-geologie-
exploration-und-radar-rivers

Friedrich – Schiller – Universität JenaInstitut für Geographie

Lehrstuhl Fernerkundung

HpS Radarfernerkundung WS 2005/2006

06.02.2006

Radarfernerkundung in der Geologie

- Exploration und „Radar Rivers" -

Bearbeitung:

Daniel Mirgorodsky

Inhalt

Abbildungen

1 Einleitung

Die steigende Nachfrage nach Energie und Rohmaterialen (Erz, Öl, Gas etc.) hat die Kluft zwischen vorhandenen Ressourcen und zukünftigen Bedarf größer werden lassen. Als Konsequenz haben Bergbau- und Ölgesellschaften auf aller Welt ihren Blick für zukünftige Explorationsaktivitäten vermehrt auf entlegene Gebiete, den polaren Regionen und der Tiefsee, gerichtet. Explorationen mit konventionellen Methoden, wie der Schifferkundung und Bohrungen in diesen relativ unzugänglichen Gebieten, ziehen eine Reihe von Umweltproblematiken nach sich. Für großmaßstäbliche und möglichst kosteneffektive Erkundungen wird, neben optischer und multispektraler Sensorik, vermehrt die Radarfernerkundung eingesetzt. Die Identifikation und die Kartierung terrestrischer Strukturen, welche in Beziehung zu Kohlenwasserstoff- und Minerallagerstätten stehen, bilden den Schlüssel für geologische Anwendungen, im Wesentlichen der Exploration. Erkundungen und Kartierungen von großräumigen geologischen Strukturen vor Ort sind zumeist schwierig und kostenintensiv. Mit der Verwendung der Radarfernerkundung, vor allem der SAR-Technologie, können diese Strukturen anhand von Satellitenbildern zur Lagerstättenerkundung herangezogen werden.

Neben der Exploration von Erdöl- und Erdgasfeldern durch die Radarfernerkundung liefern Satellitendaten auch Informationen über Abflusssysteme vergangener Erdepochen, den sogenannten „Radar Rivers" bzw. „Palaeochannels", welche darüber hinaus Hinweise auf Grundwasser- und Mineralvorkommen liefern können.

Innerhalb des Hauptseminars „Radarfernerkundung" unter Leitung von Prof. Ch. Schmullius, soll die Ausarbeitung mit dem Thema „Radarfernerkundung in der Geologie: Exploration und Radar Rivers" einen Überblick über die Grundlagen der Radarfernerkundung, der verwendeten Sensorik für geologischen Anwendung sowie eine Auswahl von Anwendungsbeispielen geben. Dem allgemeinen Teil der Arbeit, über spezielle Satellitensysteme und deren Sensorik (Kap.3) sowie den Anwendungsbeispielen zur Erkundung von Lagerstätten und „Radar Rivers" (Kap.4), werden grundlegende Eigenschaften der Radarfernerkundung (backscatter, surface roughness, incident angle etc.) vorangestellt (Kap.2). Auf einen detaillierten Überblick über die SAR – Technologie wird weitestgehend verzichtet, da die Thematik ausreichend innerhalb der dazugehörigen Vorlesung erläutert wurde und als Wissensgrundlage vorrausgesetzt wird.

Abschließend werden die Ergebnisse der Radarfernerkundung in der Geologie zusammengefasst und diskutiert (Kap.5).

2 Grundlagen der Radarfernerkundung für geologische Anwendungen

Die Radarfernerkundung liefert Satellitendaten (-bilder), welche die physikalischen Eigenschaften (Morphologie, Rauhigkeit, dielektrische Eigenschaften, Geometrie) der Geländeoberfläche, seiner Bedeckung und bodennahen Informationen, beinhalten. Aufnahmen aktiver Radarsysteme sind unabhängig von der Wolkenbedeckung, leichtem Regen und der solaren Einstrahlung und erlauben somit die Erkundung der Geländeoberfläche zu jeder Jahres- und Tageszeit sowie in allen klimatischen Regionen. Ein wesentlicher Vorteil des Radars ist die Fähigkeit, Einstrahlungs- und Azimutwinkel auszuwählen, um Strukturen und Geländeeigenschaften hervorzuheben (TAPLEY 2002:22).

Ein typisches Radarsystem misst die Stärke und die Laufzeit des von der Radarantenne emittierten und auf der Geländeoberfläche gestreuten Signals. Diese Rückstreuung ist zumeist ein schwächeres Radarecho und wird durch die Radarantenne in einer spezifischen Polarisation empfangen.

Dominanter Faktor des reflektierten, zurückgestreuten Signals stellt die Oberflächenrauhigkeit dar. Diese Rauhigkeit zeigt sich dabei für die Amplitude des zurückgestreuten Radarsignals (backscatter) verantwortlich. „In the range of wavelenghts used by imaging radars, backscatter intensity from terrain surfaces is strongly controlled by decameter-scale changes in surface slope, or by centimeter-scale roughness characteristic of the surface" (FORD 1998:511). Auf Radarbildern können Oberflächen in "smooth", "intermediate" und "rough" in Abhängigkeit der Wellenlänge und des Einfallswinkels des Signals klassifiziert und unterschieden werden. „Ground surface of the same roughness appear as rough or smooth, depending upon the wavelength used and depression angle. Therefore, the radar varies, i.e. the same object appears as dark or bright on different SAR images" (GUPTA 1991:169). Rauhe Oberflächen produzieren diffuse Rückstreuung und erzeugen helle Flächen auf dem Radarbild, während ebene Oberflächen eher zur Reflexion der Welle tendieren, geringere Informationen den Sensor erreichen und dunkel dargestellt werden.

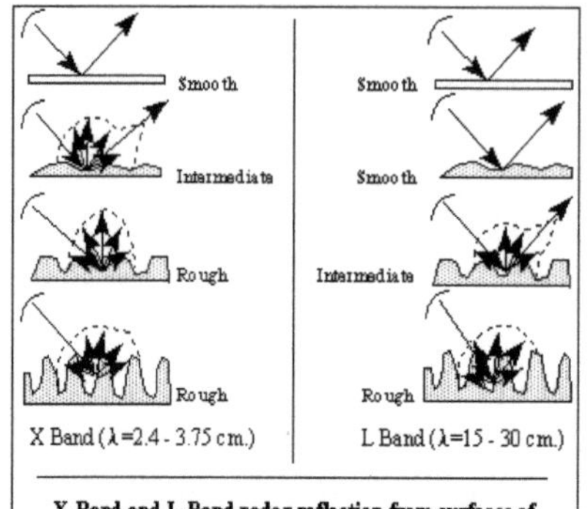

SLAR Surface Roughness at a Local Incidence Angle of 45°			
Root-Mean-Square Surface Height Variation (cm.)	K_a Band (λ = 0.86 cm.)	X Band (λ = 3.2 cm.)	L Band (λ = 23.5 cm.)
0.05	Smooth	Smooth	Smooth
0.10	Intermediate	Smooth	Smooth
0.5	Rough	Intermediate	Smooth
1.5	Rough	Rough	Intermediate
10.0	Rough	Rough	Rough

(From Lillesand and Kiefer, 1994.)

Abb.1: Abhängigkeit der Wellenlänge, Backscatter + Rauhigkeit (NACH LILLESAND & KIEFER 2004)

Abbildung 1 (S.4) zeigt, dass unterschiedliche Wellenlängen differenzierte Backscattersignale bei gleichbleibender Oberflächenrauhigkeit liefern. Dabei ist festzuhalten, dass das L-Band (λ = 15 - 30cm) mit steigender Rauhigkeit bessere Ergebnisse liefert, als das kürzere K- (λ = 0,86 cm) und X-band (λ= 2,4 – 3,75 cm). Ein wesentliches Kriterium, ob eine Oberfläche als rau bzw. als eben gekennzeichnet werden kann, ist der Zusammenhang der Rayleigh-Gleichung. Dabei ist eine Oberfläche als rauh oder eben definiert, wenn

$$h > \lambda / 4{,}4\cos\theta \text{ (rauh)} \quad \text{und } h < \lambda / 25\cos\theta \text{ (eben),}$$

wobei h die Höhe der Oberfläche, λ die Wellenlänge und θ den Einfallswinkel darstellen (HENDERSON & LEWIS 1998:514).

Weitere Faktoren, welche die Intensität der Rückstreuung beeinflussen, sind die Polarisation des ausgesandten und des empfangenen Signals, Einfallswinkel zwischen Signal und Geländeoberfläche, die Neigung des Geländes sowie die dielektrischen Eigenschaften des Oberflächen- und Suboberflächenmaterials (GUPTA 1991:167).

Gerade die Variation des Einfallswinkels der Radarstrahlung liefert, über unterschiedliche Rückstreuungsdichten, Informationen über die Oberflächenrauhigkeit und kann zur Interpretation der Oberflächenbedeckung und von Oberflächenformen herangezogen werden.

Eine ebene Oberfläche reagiert bei geringen Einfallswinkeln wie ein Spiegel, während bei Winkeln über 20° die Rückstreuung deutlich abnimmt. Bei rauhen Oberflächen ist das Gegenteil der Fall (Abb.2). „At steep angles (incidence angle less than 20 degrees), most of the emitted pulse is scattered in random directions so that the total backscatter measured by the antenna is lower than from a smooth surface at the same angle (HTTP://WWW.GEOG.UCSB.EDU/~JEFF/115A/REMOTE_SENSING/REMOTESENSING.HTML).

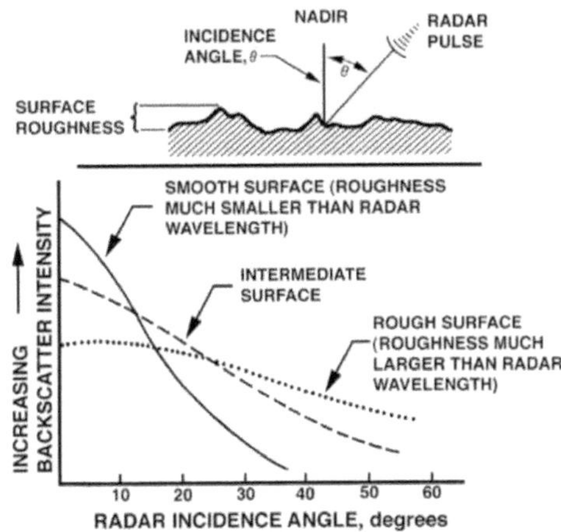

Abb.2: Backscatter for different incidence angles
(HTTP://WWW.GEOG.UCSB.EDU/~JEFF/115A/REMOTE_SENSING/RADAR/RADARSCATTER.JPG)

Durch Änderungen des Einfallswinkels und mit dem Wissen, wie sich die Rückstreuung dadurch ändert, besteht die Möglichkeit unterschiedliche Oberflächentypen zu charakterisieren und zu kartieren (GUPTA 1991:171). Die Backscatterkurven in Abbildung 3 zeigen das generelle Verhalten unterschiedlicher Oberflächen als eine Funktion des Einfallswinkels. Die Daten wurden in Kalifornien, unter Verwendung des L – Bandes (λ= 19cm) und einer HH – Polarisation, aufgenommen. Die Unterschiede der drei Oberflächen in der Rückstreuung, mit etwa 6 dB bei 25° Einfallswinkel, bleiben mit steigenden Winkeln relativ konstant. Ein Vergleich der Gradienten zwischen den Kurven und ein Blick auf Abbildung 3 lässt die Aussage zu, dass es sich bei der oberen Kurve, mit geringem Gradient, um eine rauhe Oberfläche (Lava) handelt. Den anderen Rückstreuungskurven können, gemäß der Abhängigkeit vom Einfallswinkel und Rückstreuung, intermediäre bzw. ebenen Oberflächenstrukturen zugeordnet werden (HENDERSON & LEWIS 1998:515).

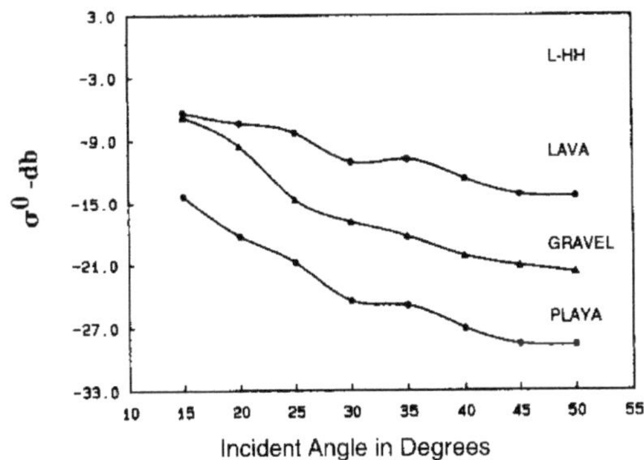

Abb. 3: Rückstreuungskurven unterschiedlicher Oberflächentypen (HENDERSON&LEWIS 1998:515)

Eine weitere wichtige Wellenlängen- und Einfallswinkelabhängigkeit in der Radarfernerkundung ist die Eindringtiefe (subsurface penetration) der ausgesandten Radarsignale. Diese ist direkt proportional zur Wellenlänge; je länger die Wellenlänge desto Höher das Eindringpotential. „Because penetration is directly related to wavelength, a long wavelenght radar would penetrate deeper" (FORD 1998:519). Die Bedingungen, bei denen das Radarsignal in den Untergrund eindringen kann, sind jedoch sehr limitiert. Die zu durchdringende Oberfläche muss für das Radarsignal relativ eben sein, um diffuse Streuung zu vermeiden, während der Untergrund rauhe Charakteristika aufweisen muss, um ein deutliches Backscattersignal zu produzieren. „The cover to be penetrated must be fine grained, homogenous, and not too thick (2 – 6 m of penetration be possible)" (GUPTA 1991:171). Ist dagegen das Material aufgrund unterschiedlicher Korngröße, Zusammensetzung und/oder Bodenfeuchte inhomogen, kann die einfallende Energie durch Volumenstreuung (volume scattering) den Sensor wieder erreichen und Informationen über den Untergrund liefern (Abb. 4; S.7).

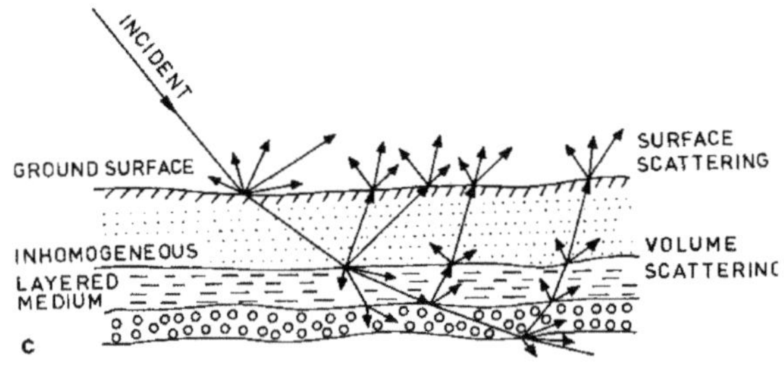

Abb.4: Volumenstreuung im inhomogenen Material (GUPTA 1991:173)

Die Volumenstreuung des inhomogenen Untergrundes besitzt einen direkten Zusammenhang zur Eindringtiefe. Der komplexe Koeffizient der Volumenstreuung ist eine Funktion mehrerer Variablen wie der Wellenlänge, den dielektrischen und physikalischen Eigenschaften des Untergrundes. „The depth penetration is inversely related to complex dielectric constant" (GUPTA 1991:179). Je geringer die Dielektrizitätskonstante, also je geringer die Bodenfeuchte, desto höher ist die potentielle Eindringtiefe des Radarsignals. Aus Abbildung 5 kann die Abhängigkeit des Bodenwassergehaltes, der Wellenlänge und der potentiellen Eindringtiefe entnommen werden. Höhere Bodenfeuchtegehalte limitieren dabei die Eindringtiefe, während in hyperariden Gebieten, mit weniger als 1% Wassergehalt, Informationen über den Untergrund entnommen werden können (FORD 1998.519; VGL. TABLEY 2002:24).

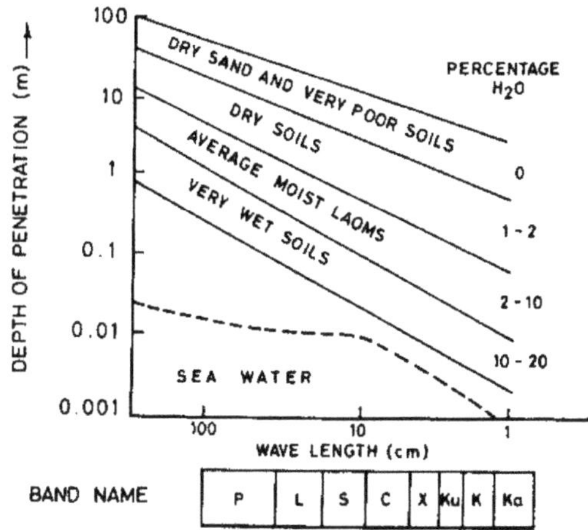

Abb.5: Depth penetration by radar frequencies at different moisture levels
(DEANE & DOMVILLE 1973;IN: GUPTA 1991:179)

3 Anwendungsgebiete und Aufnahmesysteme

Die Eigenschaften des Radarsignals (surface + volume scattering) auf unterschiedliche Charakteristika der Oberflächen finden in den Geowissenschaften viele Anwendungen. Aus Radardaten erzeugte Bilder können Informationen über vergangene und gegenwärtige geologische Situationen liefern. Signifikante geologische Strukturen sind aufgrund des charakteristischen Rückstreuverhaltens des Radarsignal erkennbar und bilden die Grundlage für geologische Kartierungen. Dabei liefern signifikante geologische Strukturen Hinweise auf Mineral- und Kohlenwasserstofflagerstätten und dienen der Exploration im großmaßstäblichen Rahmen. Im folgenden Abschnitt werden spezifische Anwendungsgebiete der Radarfernerkundung in den Geowissenschaften (Erdölexploration, Kartierung, „Radar Rivers") und ausgewählte Radarfernerkundungssysteme (ERS-1/2, RADARSAT, SIR A-C) dargestellt und erläutert.

3.1 Oil spill detection – Erdölexploration (offshore)

Neben den klassischen Disziplinen der Geowissenschaften, wie die Lagerstättenerkundung und der geologischen Kartierung, kann dem Einsatz der Radarfernerkundung hinsichtlich der Kartierung von Ölteppichen, seien sie anthropogen oder natürlichen Ursprungs, eine wesentliche Bedeutung zugesprochen werden. Von wesentlichem Interesse ist dabei die Entwicklung der SAR-Technologie auf Satellitenplattformen sowie die Beschreibung von anthropogenen bzw. natürlichen Ölteppichen.

Exkurs SAR (Synthetic Aperture Radar)

„A synthetic aperture radar is a side-looking imaging radar operating on a moving platform. A series of short, coherent pulses are transmitted to the ground in a direction perpendicular to the flight path " (TAY 2003:2). Abbildung 6 zeigt schematisch die Aufnahmegeometrie eines SAR – Systems.

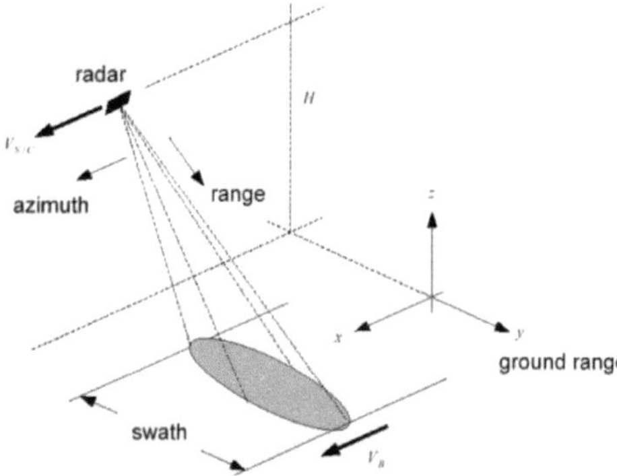

Abb.6: SAR Aufnahmeprinzip
(nach TAY 2002:2; verändert)

Das SAR – System ist, aufgrund der durch Wind erzeugten Wellenberge, gegenüber Wasseroberflächen empfindlich. In erster Näherung ist die Rückstreuung des Radarsignals auf Wasseroberflächen abhängig von der Bragg – Resonanz. „The ocean wavelength for Bragg scattering is a function of radar wavelength, and incidence angle, as related by the Bragg equation" (SINGH 1995:102).

$$\lambda s = \lambda r / 2 \sin \theta$$

Dabei ist λs die Wellenlänge der Wasseroberfläche, λr die Radarwellenlänge und θ der Einfallswinkel des Radarsignals (Abb.7; S.9).

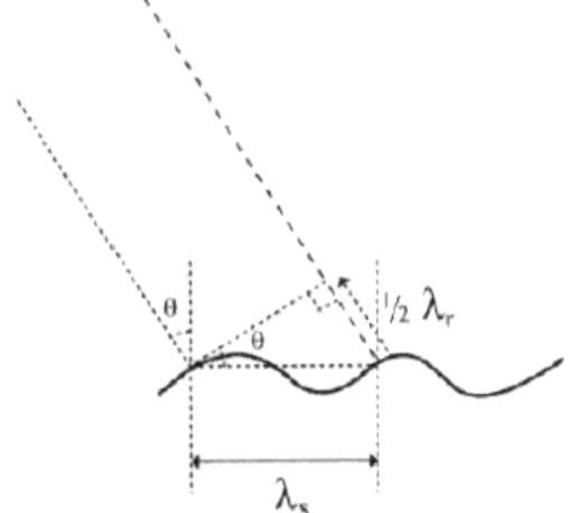

Abb.7: Bragg scattering mechanism
(TAY 2002:3)

Die Präsenz von Öl auf Wasseroberflächen ist durch eine Reduzierung der „backscattering radar crosssection" charakterisiert. „The backscattering coefficient from the oil covered ocean surface is less because of lesser return of microwave energy as compared to bare ocean. This reduction in RCS of oil spill sea surface at low incidence angle is dominated by Bragg scattering" (BROWN & FINGAS 2001:912).

Die Detektion von Ölteppichen durch aktive Mikrowellensensoren (Radar) basiert auf den Effekt, dass das Öl die Wellenberge der Wasseroberfläche dämpft und somit die Radarrückstreuung beeinflusst. „Active microwave wavelengths are sensitive to surface roughness; smoothing of the water surface in the presence of oil reduces the amount of radar backscatter" (HENDERSON & LEWIS 1998: 602). Ölfreie Wasseroberflächen besitzen eine rauhe Oberflächencharakteristik und erscheinen im Radarbild als helle Gebiete, während Ölteppiche, aufgrund der geringeren Radarrückstreuung, als dunkle Flächen dargestellt werden.

Die Wellenlängenabhängigkeit der Radarrückstreuung zur Oberflächenrauhigkeit wurde im voran gegangenen Kapitel erläutert.

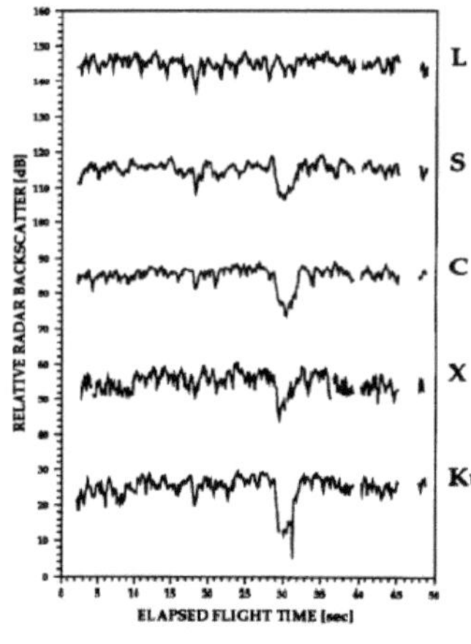

Jedes Frequenzband eines Radarssystems zeigt unterschiedliche Ergebnisse bei der Detektion von Ölteppichen. Experimente bei der Erkundung von Öl auf Wasseroberflächen (SAMPLEX - Experiment 1992) haben ergeben, dass im Wesentlichen das C – Band (~ 5cm) die besten Ergebnisse liefert (Abb.8). Eine Messreihe der Radarrückstreuung gegen die Zeit zeigt, dass beispielsweise das L – Band (~ 25cm) keine Reduzierung des Signals aufweist und somit diese Frequenz für die Ölteppichdetektion unbrauchbar macht (TAY 2002:6).

Abb.8: Zeitreihe Radarrückstreuung 5 Radarbänder bei VV–Polarisation (TAY 2002:6)

„The benefit of using X-band relative to C-band is offset by the lower susceptibility of C-band radiation to absorption by rain. Operationally this is a strong factor in favour of C-band" (BROWN & FINGAS 2001:912). Desweiteren zeigte sich, dass die Polarisation der Antenne bei vertikaler Transmission und vertikalem Empfang (VV Polarisation) die besten Ergebnisse hinsichtlich des Bildkontrastes liefert (BREKKE & SOLBERG 2005:6).

Für einen detaillierteren Überblick zur Thematik der Öldetektion wird auf das Thema Ozeanographie I: Meeresströmungen, Ölverschmutzung innerhalb des Seminars hingewiesen. Neben der Ermittlung von Ölteppichen durch anthropogenen Eintrag und dessen Folgen durch die Ölverschmutzung, spielt für die Exploration von Erdöllagerstätten die Detektion von natürlichen Ölteppichen eine wichtige Rolle. Die Erkundung von Ölteppichen natürlichen Ursprungs wird schon mehrere Jahre betrieben. „SAR creates images of the sea surface, detailing its morphology. Radar images map slicks (flat patches of the surface) that can be related by analysis to petroleum seepage" (WILLIAMS & LAWRENCE 2002:328). Im Gegensatz zu anthropogenen Ölteppichen auf den Weltmeeren, verursacht durch illegale Verkippungen oder Tankerunfälle, welche durch linienhafte Erscheinungen im Radarbild charakterisiert sind (Abb.9), können natürliche Ölflächen aufgrund der „natürlichen" Bewegungsrichtung (Abb.10) kartiert werden. „Under light to moderate wind conditions [1,5 – 6m/s] oil-films or slicks on a water surface may become visible in a radar image" (BREKKE & SOLBERG 2005:7). Mehrere Radarfernerkundungssysteme sind aufgrund ihrer technischen Eigenschaften in der Lage, gute Ergebnisse hinsichtlich der Ölflächendetektion, zu liefern. Aus Tabelle 1 (Anhang, S.29) können technische Konfigurationen verschiedener Systeme entnommen werden.

Aufgrund der Erkundung natürlicher Ölflächen kann auf das Vorhandensein von Ölquellen bzw. Ölfeldern geschlossen werden. Das Synthetic Aperture Radar (SAR) auf ERS-1 (1991) ermöglichte die Prospektion von Öl aus dem Orbit. Mit Hilfe des C-Bandes und einer VV-Polarisation, wesentliche Vorraussetzung für bestmögliche Ergebnisse (S.9), konnten natürliche Ölflächen erkundet werden (Abb.10). „Part of the emitted radar energy directed at the ocean is reflected back to the satellite because of the roughness of the sea surface and is imaged as a gray speckle. However, when the sea is "smoothed" by the viscoelastic properties of an oil slick, the radar energy is reflected away from the sensor, reducing the radar backscatter and producing a dark area on the image, the property of backscatter reduction" (WILLIAMS & LAWRENCE 2002:334).

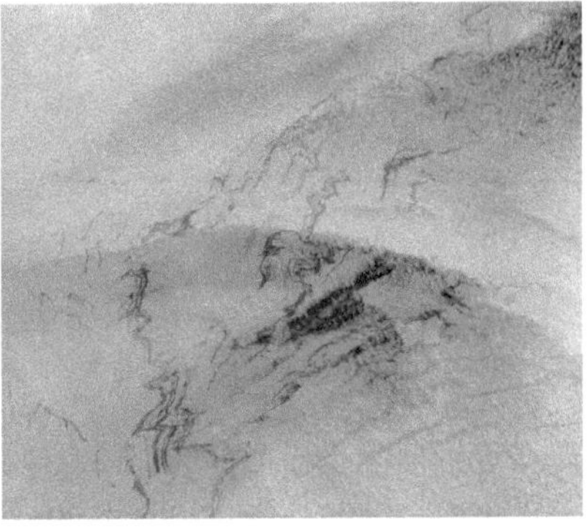

Abb.9: ERS – Aufnahme anthropogener Ölflächen (Schiffsrichtung)

Abb.10: ERS – Aufnahme natürlicher Ölflächen charakteristischer Kontur

(HTTP://WWW.EURIMAGE.COM/GALLERY/WEBFILES/RADAR.HTML; 2005)

Natürliche Ölteppiche auf dem offenen Meer, welche durch ERS SAR und RADARSAT detektiert werden können, haben ihren Ursprung in untermeerischen Kohlenwasserstofflagerstätten. Für die Exploration dieser Lagerstätten spielen, neben der Kartierung natürlicher Ölflächen durch aktive Fernerkundungssysteme, geologische Informationen über das Vorhandensein von Erdölmuttergesteinen eine wesentliche Rolle. Ergebnisse der Radarfernerkundung im Zusammenspiel mit geologischen und geophysikalischen Erkundungsmethoden (Seismik, Gravimetrie) liefern Informationen über die tektonischen und stratigraphischen Verhältnisse und können die Größe der Lagerstätte abschätzen. „SAR technology combined with satellite-derived gravity maps which reflect the regional structure of the lithosphere, the economic potential of a particular basin for hydrocarbon exploitation can be estimated" (HTTP://EARTH.ESA.INT/APPLICATIONS/; 2005).

Abbildung 11 zeigt schematisch den Aufbau des geologischen Untergrundes und den Ablauf der Entstehung natürlicher Ölteppiche.

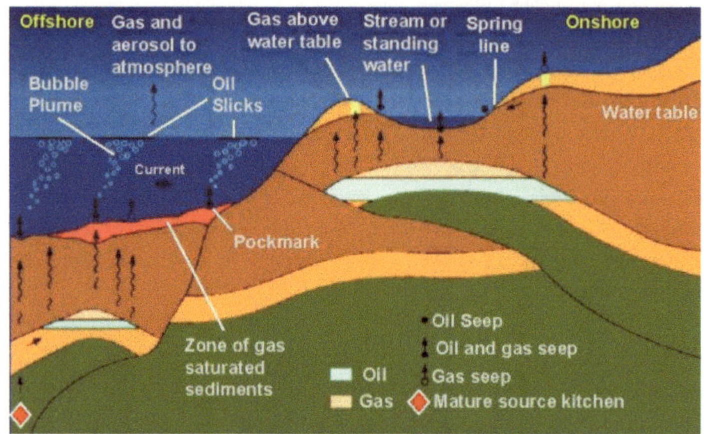

Abb.11: schematische Darstellung zur Entstehung natürlicher Ölteppiche (HTTP://WWW.INFOTERRAGLOBAL.COM/IMAGES/SEEPSMODEL.JPG)

Die Nutzung der Radarfernerkundung findet in vielen Regionen der Welt Anwendung. Vor allem in den Schelfregionen der Kontinente, wie vor der Küste Brasiliens, Nigerias, Australiens und der Vereinigten Staaten, werden Daten aktiver Radarsysteme wie ERS 1/-2, RADARSAT, zur Detektion natürlicher Ölteppiche angewendet (WILLIAMS & LAWRENCE 2002; O'BRIAN ET AL. 2002). Anwendungsbeispiele zur Exploration von Erdöl sind in Kapitel 4 aufgeführt und werden da näher erläutert.

3.2 Geologische Kartierung

Geologische Kartierungen im lokalen und regionalen Maßstab wurden traditionell durch Feldarbeiten qualifizierter Geowissenschaftler durchgeführt. Fernerkundungssysteme erlauben die Datenakquisition geologischer Informationen über große Regionen. Aufgrund der Limitationen optischer Systeme, wurde in den letzten Jahrzehnten die Radarfernerkundung ein nützliches Werkzeug zur Ermittlung wichtiger geologischer Informationen. Tektonische Strukturen, Lineamente sowie die Unterscheidung stratigraphischer Einheiten können auf Grundlage unterschiedlicher Oberflächenrauhigkeiten, Texturen und Formen, unbeeinflusst durch Sonneneinstrahlung und klimatischen Bedingungen, kartiert werden. Tektonische Einheiten (Störungen, Falten, syn- und antiklinale Strukturen) liefern Informationen über das Vorhandensein möglicher Erdöl- Erdgas- und Minerallagerstätten und sind Grundlage unterschiedlicher Explorationsarbeiten (DEROIN ET AL. 2000:1).

„Unique properties of SAR data are now being exploited to aid further the exploitation of natural resources by detecting the lineament features and anti-cline structures which may indicate the presence of mineral deposits" (BERGER ET AL. 1996:2).

Aktive Radarfernerkundungssysteme wie ERS – 1,2, RADARSAT oder die SIR A-C-Serie werden für die geologische Kartierung eingesetzt. Aufgrund ihrer side-looking Konfiguration in den Wellenlängen im L- bzw. C-Band besitzen diese Systeme eine Sensitivität zur Detektion von tektonischen Strukturen aufgrund der Wellenlängenabhängigkeit zur Oberflächenrauhigkeit.

RADARSAT

RADARSAT ist ein kanadisches Fernerkundungssystem, ausgestattet mit einem C-Band HH polarisiert als SAR-System, und wurde im November 1995 gestartet. RADARSAT kreist in einer Höhe von 798 km polarnah und sonnensynchron um die Erde(BERGER ET AL. 1996:2).

RADARSAT besitzt die Fähigkeit, Lineamente auszumachen, welche sich nicht parallel zur Blickrichtung des Radars befinden. „The success of detecting certain directions of lineaments is related to the look direction. Linear geologic features that are oriented at a normal or oblique angle to the radar look direction are enhanced by highlights and shadows" (SABINS 1987; IN: RADARSAT INT. 1996:27).

Radarsataufnahmen können Informationen über das anstehende Gestein liefern. Der dominierende Parameter, wie sich dieses Gestein innerhalb des Radarbildes darstellt, ist die Oberflächentextur. „Rock units break down differentially, resulting in unique surface roughness distinguishable on radar imagery due to contrasting backscatter" (RADARSAT INT. 1996:31).

Abbildung 12 zeigt eine Radarsat - Aufnahme in einer trockenen arktischen Umgebung im Nordwesten Kanadas. Die feineren Sandsteinpartikel produzieren einen dunklen Ton, während der gröbere Kalkstein durch ein höheres Backscattersignal, aufgrund der größeren Oberflächenrauhigkeit, hell dargestellt wird.

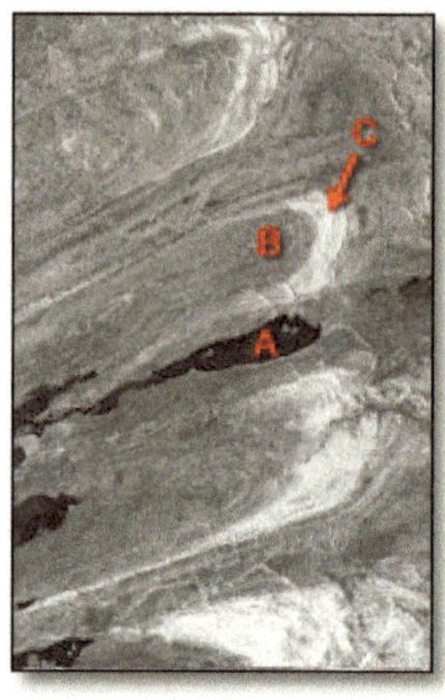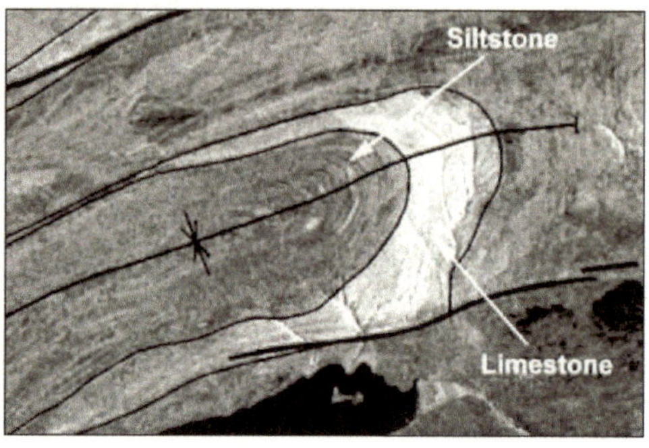

Abb.12: Radarsat - Aufnahme geologischer Einheiten in Bathurst Island,
NWT, Kanada
(RADARSAT INT. 1996:32)

Derartige Faltenstrukturen und die Kartierung von möglichen Erdölspeichergesteinen (z.B. Sandstein) liefern wichtige Informationen über zukünftige Explorationsmaßnahmen. Durch das Zusammenspiel der aktiven Radarfernerkundung mit geophysikalischen Methoden können Erdölfirmen die Ressourcen von Lagerstätten abschätzen.

3.3 Exploration mineralischer Lagerstätten

Die Exploration natürlicher Ressourcen beinhaltet wie erwähnt die Kartierung geologischer Strukturen. Satellitendaten erlauben hochpräzise Informationen über große Gebiete und reduzieren somit die Explorationskosten. In den vergangen Jahren wurden mehrere optische Sensoren (SPOT, LANDSAT, ASTER) mit multispektralen Eigenschaften gestartet, welche die geologischen Interpretationen des anstehenden Gesteins verbesserten. Gleichzeitig zeigte sich der Beitrag der SAR-Technologie als nützlich, da sie zusätzliche Informationen über geologische Strukturen und der Lithologie liefert, um die Geomorphologie eines Gebietes zu beschreiben. „Radar imagery is effective in enhancing relief and multi-channel georeferenced image-maps for geologic interpretation" (RAMADAN & ONSI 2002:1).

Durch die Integration von Radardaten mit Informationen optischer Sensoren und der Geophysik zeichnet sich ein neuer Trend in der Fernerkundung ab. Das Zusammenspiel von Radardaten mit optischen Daten, z.B. von LANDSAT TM, liefert Bilder mit Informationen beider Aufnahmesysteme.

Die optischen Daten beschreiben die physikochemischen Eigenschaften der Erdoberfläche, während das Radar Informationen zur Morphologie der Oberfläche wiedergibt. „If two images from different sensors covering the same area are correctly combined, the resultant image will convey information that could prove more useful than either one-image type alone" (BAGHDADI ET AL. 2005:720).

So zum Beispiel kamen bei der geologischen Kartierung und der Exploration von Erzkörpern im Südosten Ägyptens, Radardaten von ERS 2 – SAR und optische Daten von LANDSAT TM zum Einsatz. Die LANDSAT – Bilder lieferten Aufnahmen mit einer Auflösung und Pixelgröße von 30 m * 30 m, wobei die Bänder 2, 4 und 7 verwendet wurden (Abb.13). Die Bänder 2 (0,52-0,6 µm/grün) und 4 (0,76-0,9 µm /NIR) dienen dabei als Ratiobildner tm2/tm4 der Kartierung

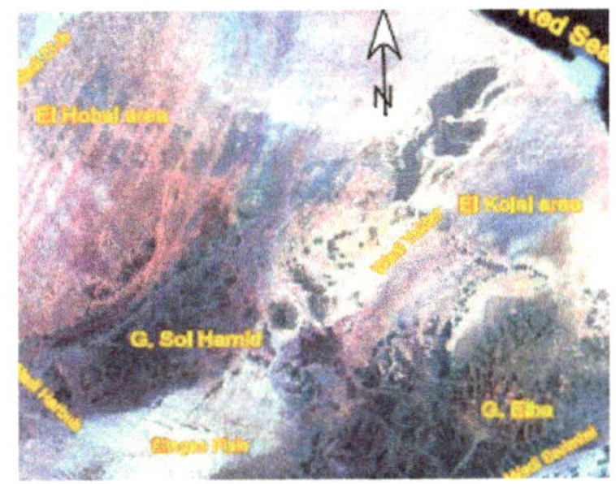

Abb.13: Landsat TM image (Bands 7, 4,2)

(RAMADAN & ONSI 2002:3)

limonithaltiger Gesteine sowie der Erfassung von Rottönen von Wüstensanden. Die Verwendung des kurzwelligen Infrarots (Band 7 = 2 - 2,35 µm) ist Aufgrund der Absorptionsbänder für Schichtsilikate und Karbonate in diesem Bereich zurückzuführen (RAMADAN & ONSI 2002:2).

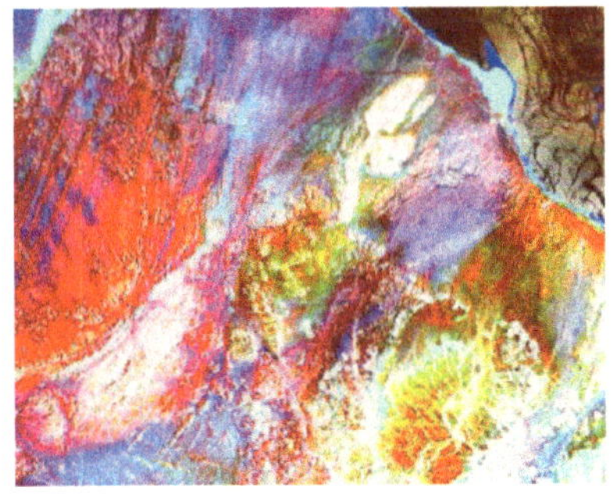

Abb:14: ERS-2/Landsat TM Composite

(RAMADA & ONSI 2005:3)

Die Integration von ERS-2 SAR – Daten mit LANDSAT TM - Daten lieferten im Untersuchungsgebiet Informationen über die geologischen Gegebenheiten, welche das Vorhandensein von Erzkörpern kontrollieren. In trockenen Gebieten durchdringen Radarwellen die sandigen Schichten der Oberflächen und geben ein Bild über die geologischen und tektonischen Einheiten (BAGHDADI ET AL. 2005:720; VGL. KAP. 3.4).

ERS-2 SAR bietet durch sein 5,3 cm vertikal polarisiertes C-Band diese Möglichkeit.

In Abbildung 14 ist eine Composite aus LANDSAT TM und ERS-2 Aufnahmen dargestellt und zeigt verschiedene tektonische Einheiten unterhalb der überdeckenden Sandschichten.

Die geologische Kartierung dieses Gebietes brachte im Wesentlichen neoproterozoische und mesozoische Gesteine zum Vorschein, welche durch miozäne und quartäre Sedimente teilweise überdeckt wurden. Die älteren Gesteinsformationen sind dabei durch vulkanische Tätigkeiten innerhalb des Gebietes charakterisiert und konnten als granitoides Gestein (Granit, Gabbro, Granodiorite) ausgewiesen werden. Anhand des Auftretens signifikanter Störungszonen wurden mögliche Lagerstätten von Magnesit und Chromit erkundet (Abb.15), welche durch detailliertere Explorationen im Gelände (z.B. Geophysik), durchaus als abbauwürdige Vorkommen in Frage kommen (RAMADAN & ONSI 2002:5).

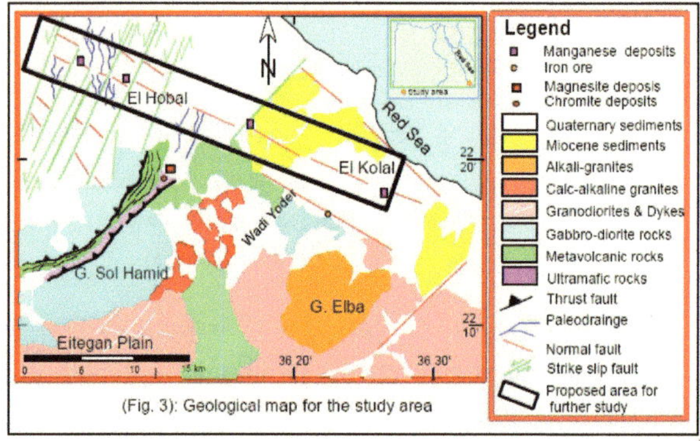

Abb.15:
Geologische Karte des Untersuchungsgebietes mit Lagerstätten
(RAMADAN & ONSI 2002:4)

Neben der Verwendung von ERS-2 – Daten zur geologischen Kartierung und der Erkundung möglicher Lagerstätten, zeigten auch die Radarsensoren der SIR A-C – Serie in verschiedenen Untersuchungen ihre Einsatzmöglichkeiten (ABDELSALAM, SCHABER, MCCAULEY, THURMOND, GUO).

Im Jahre 1993 liefen geologische Untersuchungen und Explorationen mit den Systemen SIR-A und SIR-B in China. Unter Verwendung des L-Bandes (HH Polarisation) und von X-Band Daten eines Airborne SAR konnten tektonische und lithologische Strukturen detektiert werden. Durch den engen Zusammenhang zwischen diesen Strukturen und dem Auftreten von Mineralienvorkommen, erweitert durch Feldarbeit und chem. Analysen, konnten förderbare Goldvorkommen anhand von Alterationszonen exploriert werden (GUO ET AL. 1993:81). THURMOND ET AL. (2004) untersuchten mit Hilfe von SIR-C/X-SAR die geologischen Gegebenheiten im Süden Ägyptens (Nubian Swell) und konnten aus den gewonnen Daten Rückschlüsse auf vergangene tektonische Prozesse und des Paläoklimas ziehen.

Diese Ergebnisse konnten nur erzielt werden, da Radars die Möglichkeit besitzt, in langen Wellenlängen aufliegende trockene Sandschichten zu durchdringen, um anstehendes Gestein zur geologischen Kartierung und/oder vergangene Abflusssysteme (Paläochannels = „Radar Rivers") zu detektieren.

3.4 „Radar Rivers"

Radarwellen haben die Eigenschaft, dass sie in hyperariden Arealen Sanddecken penetrieren können. Dazu muss das Sediment absolut trocken sein, das heisst, dass nur hyperaride Gebiete geeignet sind, in denen über viele Jahre hinweg nahezu kein Niederschlag fällt. „The electrical properties determine the effective penetration depth of radar, such that electrical conductivity must be low for radar penetration, requiring a moisture content of less than 1%" (ROBINSON 2002:4104). In Regionen, in denen alle paar Jahre ausreichend Niederschlag fällt, durchnässt dieser den Sand und wird erst nach und nach evaporiert, so dass in vielen Wüstengebieten der Sand in weniger als einen Meter Tiefe Feuchtigkeit aufweist. Zur optimalen Aufnahme der Oberflächenbeschaffenheit unterhalb der Flugsanddecke muss diese außerdem feinkörnig, homogen und tonfrei sein (GERMER 2001:42). Erste Radar-Studien zur Kartierung von geologischen Strukturen unter Flugsanddecken in der Nordost-Sahara wurden von MCCAULEY (1982) und SCHABER (1986) (SIR-A/B) durchgeführt. SCHABER ET AL. (1997) haben anhand von SIR-C/X-SAR-Daten in der Umgebung von Bir Safsaf/Ägypten „Radar-Rivers" (Palaeochannels) mitteltertiären bis quartären Alters nachgewiesen (Kap.4.2). „Palaeochannels /Palaeodrainage / Lost River / Buried River are typical geomorphic features in a location representing drainage streams, streams, rivers which were flowing either during the past time and now stands either buried or lost or shifted due to tectonic, geomorphological, anthropogenic process / activities as well as climatic vicissitudes" (SINHA ET AL. 1999:4).

Das in Abb. 16 gezeigte Profil verdeutlicht das Reflexionsverhalten der Radarwellen. Ein geringer Teil der Energie wird unabhängig vom Untergrund von der relativ glatten Sandoberfläche reflektiert. Der größte Teil der auftreffenden Strahlung dringt jedoch durch die Refraktion am Übergang zum dichteren Medium unter einem steileren Winkel in den Untergrund ein.

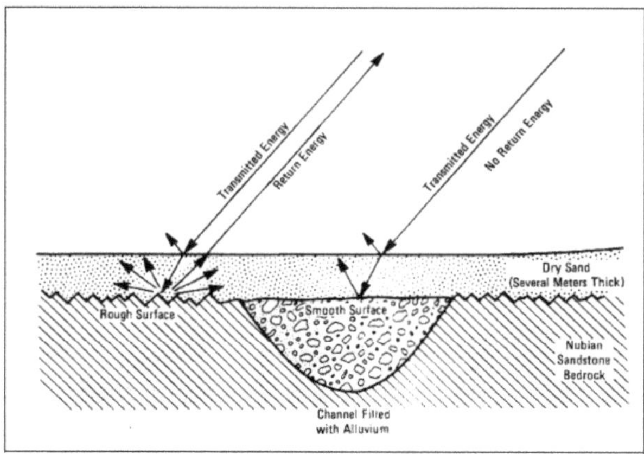

Abb.16: Profil zur Reflexion von Radarwellen in Abhängigkeit von der Untergrundbeschaffenheit eines hyperariden Geländes (SABINS 1997; IN: GERMER 2001:42)

Treffen die Radarwellen dann auf eine rauhe Oberfläche, werden diese stark gestreut zurückgeworfen und ein relativ großer Anteil der reflektierten Energie wird von der Antenne empfangen, was eine helle Signatur erzeugt Die Wellen, die auf relativ glatte Oberfläche der Rinnenfüllung treffen, werden weniger gestreut, so dass die reflektierten Wellen die Antenne in einem geringen Anteil erreichen und eine dunkle Signatur resultiert (GERMER 2001:43).

Das Radarbild (Abb.17) zeigt deutlich ein Paläodrainagesystem im Kufra Becken (Libyen), dass sich durch Tiefenerosion in den Nubischen Sandstein eingeschnitten hat. Das Paläodrainagesystem selbst ist mit einer relativ dunklen Signatur abgebildet, die Gebiete außerhalb der Paläodrainagebahnen zeigen eine wesentlich hellere Signatur.

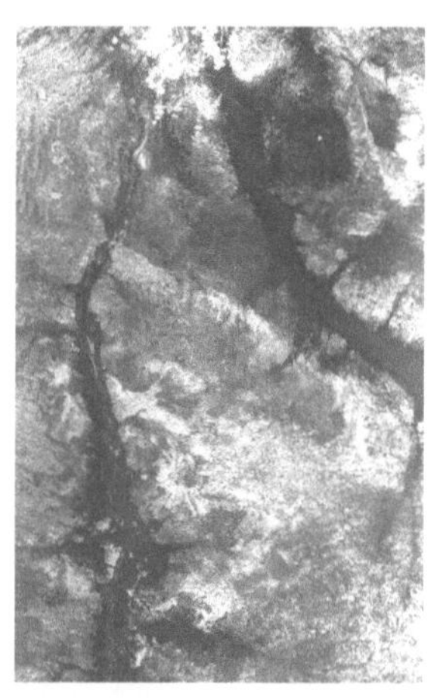

Abb:17: Paläochannels Kufra (Lybien)
(HTTP://PHOTOJOURNAL.JPL.NASA.GOV/)

Die Aufnahmen des Gebietes in Libyen wurden durch das SIR-C/X-SAR System durchgeführt. Dieses aktive Radarfernerkundungssystem wurde im April 1994 mit dem Space Shuttle Endeavor gestartet. SIR-C/X-SAR liefert in drei Mikrowellenlängen simultan digitale Bilder: L-Band (24 cm), C-Band (5,6 cm) und X-Band (3 cm) mit einer Auflösung von annähernd 25 Meter. Die C- und L–Band SAR Sensoren senden und empfangen in allen möglichen Polarisationen (HH, HV, VV, VH), während das X-Band nur in der VV - Polarisation sendet und empfängt.

„The different polarisation mode can be used to produce images that show much more detail about the surface geometric structure and subsurface discontinuities than a single-polarisation-mode image, so are ideal for mapping subsurface fractures and subsurface channels (ROBINSON 2002:4105). Nach SCHABER ET AL. liefert das L-Band Informationen mit einer beobachteten Eindringtiefe von bis zu 2 Metern. Die Kombination von Daten aus dem L-Band und dem C-Band ermöglicht die Detektion von „Radar Rivers" in Tiefen von bis zu 5 Metern (SCHABER ET AL. 1997:338).

Die erstmalige Detektion von „Radar Rivers" durch SIR-A und SIR-B lieferten den Geologen neue Erkenntnisse über tektonische und klimatische Verhältnisse vergangener Erdepochen. Ehemalige Flussläufe können dabei als Klimazeugen herangezogen werden, welche ein feuchteres Klima, höhere Niederschläge als zur heutigen Zeit, implizieren. Außerdem deutet das Vorhandensein rezenter Flusssysteme auf die Änderung der tektonischen Verhältnisse hin, indem sich das Einzugsgebiet durch beispielsweise der Öffnung des ostafrikanischen Grabens, geändert hat. So konnte anhand von „Radar Rivers" nachgewiesen werden, dass sich der Nil vor der Öffnung des Grabens, ein Einzugsgebiet mit dem Niger teilte und in den Ur-Atlantik entwässerte (HURTAK 1986:1).

Durch die Analyse von SIR-C/X-SAR Bildern konnte ein Paläokanal des Nils im Norden Sudans erkundet werden. Dieser rezente Flusslauf des Nils (4th Cataract Palaeochannel) ist etwa 25 km lang und befindet sich über 10 km nördlich des derzeitigen Flussverlaufes. Tektonische Vorgänge im Tertiär (Miozän) führten zur Hebung dieses Gebietes und zur Ablenkung des damalig nordwärts gerichteten Flusslaufes nach Süden. „The presence of the Fourth Cataract Paleochannel was best explained by tectonic uplift to the north of the Nile which would have shifted his course of the river southwards" (STERN & ABDELSALAM 1996:1696). Durch die Fähigkeit der Untergrunddetektion des L-Band in diesem hyperariden Gebiet konnten auch geologische Einheiten und Abläufe, durch die Kartierung von Störungszonen, herausgearbeitet werden. Der überwältigende Vorteil aktiver Radarsysteme, in diesem Fall des SIR-C/X-SAR, gegenüber optischen Aufnahmesystemen wird in Abbildung 18 deutlich.

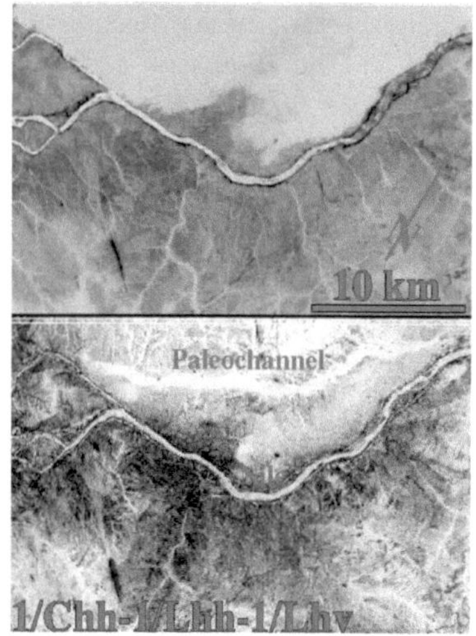

Während die Aufnahme von LANDSAT - TM im oberen Teil des Bildes nur die Oberfläche abbildet, liefern die Aufnahmen von SIR-C Informationen zum Untergrund sowie über geologische Einheiten. Dabei wurde aus den Kanälen C (HH) und L (HH, HV) eine Composite erzeugt und zeigt deutlich einen rezenten Flusslauf des Nils, während er durch die LANDSAT – Aufnahme nicht beobachtet werden kann (THURMOND ET AL. 2004:404).

Abb.18: LANDSAT-TM Aufnahme (oben) und SIR-C Aufnahme eines rezenten Flusslaufes an den Flanken des "Nubian Swell"

(HTTP://WWW.UTDALLAS.EDU/DEPT/GEOSCIENCE/REMSENS/4THCATARACT.HTML)

Die Detektion solcher Paläokanäle („Radar Rivers") ist auch hinsichtlich der Exploration von Minerallagerstätten interessant. Rezente Flusssysteme können durch die Bildung von Seifen Gold- und Diamantlagerstätten enthalten, wenn sich im Liefer- bzw. Einzugsgebiet Gesteinsformationen mit mineralischen Bestandteilen (Quarzgänge, Kimberlit) befinden. Ebenso ist die Erkundung von sogenannten Paläoseen und dessen Paläoufer möglich.

In Flachwasserbereichen kann es zur Bildung von Salzlagerstätten durch Evapotranspiration oder auch zur Entstehung von Kohleflözen, bei vorhandener Vegetation, kommen. Paläokanäle sind auch für die Grundwasserexploration in ariden Gebieten von wesentlichem Interesse. Durch die günstigen hydrologischen Gegebenheiten vergangener Erdepochen, sind rezente Flussläufe Indikatoren von heute noch vorhandene Grundwasseraquiferen. „The coincidence of drainage with structural features, as well as the channels that drain into fractures, provides the ideal fluvial-structural configuration for ground water accumulation" (RAMADA & ONSI 2002:3)

Neben der Exploration von Lagerstätten, sei hier auch auf die Geoarchäologie hingewiesen. „Radar Rivers" implizieren unterschiedliche klimatische bzw. hydrologische Verhältnisse und liefern Hinweise auf frühe Besiedlungen.

4 Anwendungsbeispiele der Radarfernerkundung in der Geologie

4.1 *Erdölexploration offshore / onshore (Kaspisches Meer, Australien, PNG)*

Die grundlegenden Prinzipien zur Detektion von Ölteppichen durch aktive Radarsysteme wurden ausführlich erläutert. Die Erdölexploration auf offener See wurde in den letzten Jahren immer weiter Richtung Tiefsee (> 1500 m) vorangetrieben. Von wesentlichem Interesse sind dabei die großen Schelfgebiete der Kontinente, beispielsweise vor den Küsten Südamerikas, Afrikas und Australiens, aber auch in Sedimentbecken großer Seen, wie dem Kaspische Meer. „The knowledge of surface seepage has a direct link to subsurface oil and gas accumulations" (STRUCKMEYER ET AL. 2002:373).

Zur Erkundung möglicher Erdöllagerstätten auf dem russischen Gebiet des Kaspischen Meeres wurden Daten der kommerziellen SAR Satelliten ERS (mit einer Aufnahmebreite von 180 km und einer Auflösung von ~ 22 m) und RADARSAT (swath width 180 km bei 25 m Auflösung; W 1) verwendet. Dabei wurden verschiedene Ölteppiche natürlichen Ursprungs lokalisiert. Um Aussagen zur im Untergrund befindlichen Quelle des Öls zu treffen, benötigt man Informationen zu den tektonischen Verhältnissen im Untergrund. „The significance of these remarkable radar data [oil spills] will only become apparent when they are integrated with surface geochemistry results and subsurface data (especially seismic)" (WILLIAMS & HUNTLEY 1998:3).

Die Migration und die Akkumulation von Öl im Gestein ist an unterschiedliche geologische Bedingungen geknüpft. In Abbildung 19 sind verschiedene tektonische Möglichkeiten sogenannter Erdölfallen dargestellt (Anhang S.29). Anhand von seismischen Messungen des Untergrundes konnten salzstockartige Strukturen festgestellt werden, welche auf Erdölfallen und somit auf die Quelle des an die Oberflächen strömenden Öls schließen lassen (Abb.20).

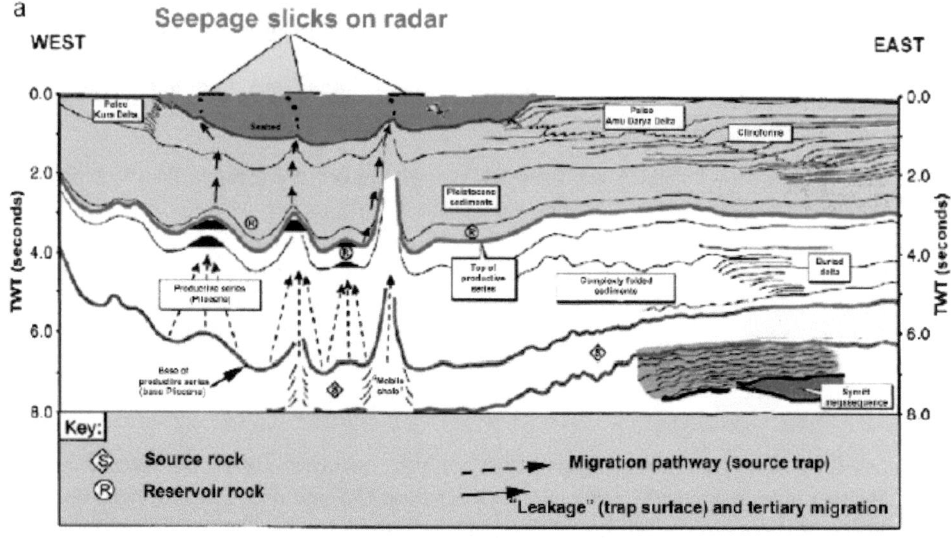

Abb.20: schematischer Schnitt durch das Kaspische Meer (WILLIAMS & HUNTLEY 2002:363)

Auch in den großen Schelfgebieten vor Brasilien, Westafrika und Australien wurden Explorationsarbeiten mit aktiven Radarsystemen durchgeführt. Ein Projekt zur Erkundung möglicher Erdöllagerstätten wurde in Zusammenarbeit von Geoscience Australia, Nigel Press Associates, Radarsat International und dem Australian Centre for Remote Sensing durchgeführt. Regionale Vorkommen von Ölteppichen wurden durch RADARSAT und ERS SAR – Daten aufgenommen und mit geologischen und geophysikalischen Daten kombiniert, um mögliche Migrationswege des Öls mit dem Auftreten der Ölteppiche zu untersuchen. Insgesamt wurden 55 RADARSAT Wide 1 Beam mode Szenen und eine ERS Szene der Großen Australischen Bucht analysiert (Abb.21). „SAR satellite data are used to detect the smoothing or calming effect that liquid hydrocarbons have on wind-induced rippling on the surface of the sea" (STRUCKMEYER ET AL. 2002:372).

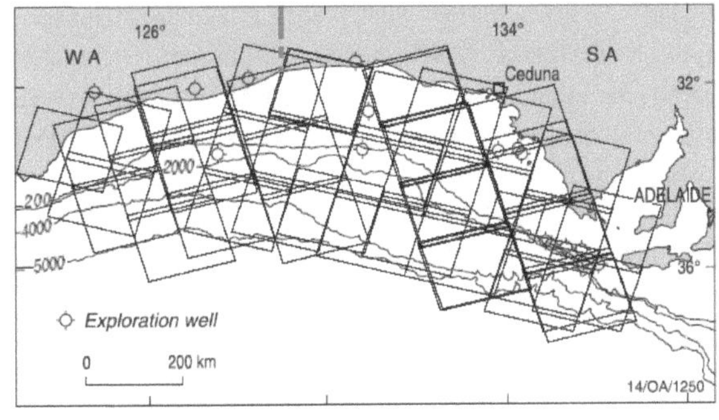

Abb.21:
RADARSAT-Szenen vor der
Küste Australiens
(STRUCKMEYER ET A.L. 2002)

Die Gebiete in denen Ölteppiche detektiert werden konnten, wurden durch seismische Untersuchungen, hinsichtlich des geologischen Untergrundes, ergänzt. Die Ergebnisse zeigten, dass sich die tektonischen Verhältnisse als Erdölfallen eignen und mit dem Auftreten der Ölteppiche korrespondieren (Abb.22). Dabei sind deutlich die Verwerfungsstrukturen in den tertiären und kretazischen Formationen zu erkennen, welche sich für die Ölmigration verantwortlich zeigen (kleines Symbol zeigt den Ölteppich). Neben der Verwendung von seismischen Daten, kommt auch die Vermessung der topographischen Gestalt des Meeresbodens (Bathymetrie) zum Einsatz.

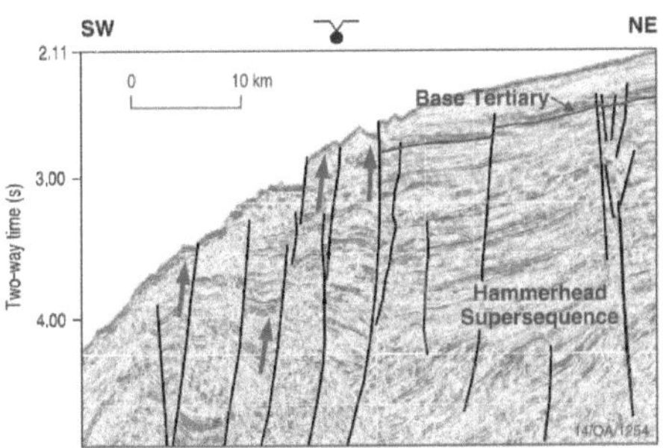

Abb.22: Seismisches Profil Australische Bucht – Indikator für Ölteppiche (STRUCKMEYER ET AL. 2002)

Bedingt durch Gravitationsanomalien von unterseeischen Erhebungen und Gebirgszügen liegt der Wasserspiegel an diesen Stellen im Mittel um einige Zentimeter höher als an tieferen Stellen. GEOSAT und ERS-1 sind durch radaraltimetrische Messungen in der Lage, diese Höhendifferenzen zu lokalisieren. Jede größere Erdölexplorationsfirma (Exxon, Amoco, Shell etc.) verwendet Gravitationsdaten der Radaraltimeter „to locate offshore sedimentary basins in remote areas" (SANDWELL & SMITH 1997:10039). Anwendung fand die Verwendung gravimetrischer Daten (ERS-1) bei der Erdölexploration vor der Küste Brasiliens und Westafrika (WILLIAMS & LAWRENCE 2002), im Golf von Mexiko sowie in der Timorsee vor der australischen Küste (O'BRIAN ET AL. 2002).

Neben der Exploration von Erdöl auf dem offenen Meer wurden auch Erkundungen auf dem Festland durchgeführt. In Papua Neu Guinea (PNG) wurden Mitte der 80er Jahre Förderlizenzen vergeben. Aufgrund der klimatischen und topographischen Gegebenheiten wurde hier ein aktives Airborne SLAR - System eingesetzt. Als Referenzdaten dienten dabei Daten der SIR-A Mission von 1983. „The exploration program focused on the Papuan Fold Belt because of numerous surface anticlines and abundant oil seeps" (HENDERSON & LEWIS 1998:535). Zur Aufnahme repräsentativer geologischer Strukturen, welche das Vorhandensein möglicher Erdölfallen implizieren, wurden Radaraufnahmen im X-Band (3cm) aufgenommen. Durch eine zweimalige Überfliegung des Gebietes konnten durch Überlappungen Stereobilder (60 % sidelap) erzeugt werden. Auf den erstellten Radarbildern konnten verschiedene Antiklinalstrukturen des Faltengürtels abgebildet werden, welche die Topographie des Geländes widerspiegeln (Abb.23). „Surface geology [Abb.24] interpreted from radar mosaic correlates closely with subsurface geology and indicates possible oil fields" (HENDERSON & LEWIS 1998:536). Die Exploration nach Erdöl war erfolgreich. Seit 1992 fördert Chevron Erdöl und Erdgas in Papua Neu Guinea.

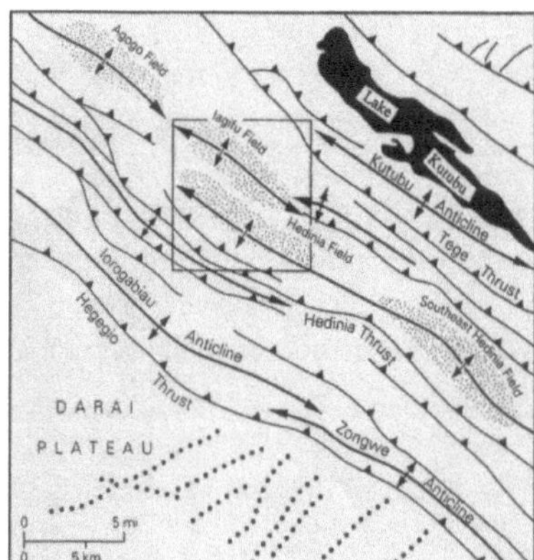

Abb.23+24: Antiklinalstrukturen in PNG (Radarbild) + geologische Ableitung (Kartierung)
(HENDERSON & LEWIS 1998:536)

4.2 SIR-C/X-SAR Daten für geologische Studien von Bir Safsaf, Ägypten

Bir Safsaf im Süden Ägyptens (lat 22°36'N, long 29°30'E) ist eine Oase in Mitten eines der trockensten Gebiete der Sahara (Abb.25). Innerhalb der Umgebung wurden sandbedeckte Paläokanäle tertiären und quartären Alters durch SIR-A (L-Band) entdeckt (MCCAULEY ET AL. 1982).

Auf Grundlage dessen, wurde das Gebiet als "Supersite" für Analysen des Untergrundes und der Eindringtiefe, unter Verwendung multifrequenter und polarimetrischer SIR-C/X-SAR – Daten, ausgewählt.

Die C- und L–Band SAR Sensoren senden und empfangen in allen möglichen Polarisationen (HH, HV, VV, VH), während das X-Band nur in der VV - Polarisation sendet und empfängt. Voran gegangene Untersuchungen zur geologischen Situation, den Bodenverhältnissen sowie zur Herkunft von Ablagerungen flossen in diese Studie mit ein. „General issues addressed at Bir Safsaf using SIR-C/X-SAR data include the utility of multiple frequencies, polarizations, and incidence angles in remote geologic reconnaissance and documentation of the geologic and physical controls of radar subsurface mapping in deserts" (SCHABER ET AL.1997:339). Der Fokus liegt dabei in der Identifizierung geologischer Einheiten und der Kartierung reliktischer Wasserläufe.

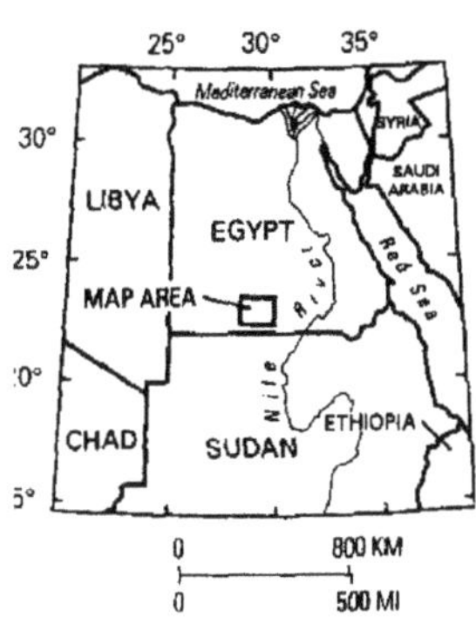

Abb.25: Lokalität Bir Safsaf
(SCHABER ET AL. 1997:338)

Für die Untersuchungen in Safsaf wurden zehn SIR-C/X-SAR Bilder, welche während den Space Radar Laboratory Missionen 1 + 2 aufgenommen wurden, analysiert. Die Aufnahmen sind dabei durch differenzierte Aufnahmegeometrien, unter Verwendung von Co- und Kreuzpolarisationen, charakterisiert.

Auf Grundlage der jeweiligen Radareigenschaften spezifischer Wellenlängen sowie der visuellen Interpretation der Radarbilder, in denen die Zunahme der geologischen Diversität mit der Abnahme der SAR – Frequenzen einhergeht, wurden Radarbackscatterkoeffizienten der Bänder X, C und L verschiedener Polarisationen, zur Quantifizierung der Daten herangezogen (SCHABER ET AL. 1997:347FF). Hierbei wurden die Rückstreudaten des C- und des L-Bandes unterschiedlicher Polarisation gegen die „Rückstreumenge" des X-Bandes von elf verschiedenen geologischen Oberflächen in einem Diagramm aufgetragen (Abb.26; Anhang S.30). Die Korrelationen zwischen den Rückstreuwerten des X-Bandes (VV) mit denen aus CVV, CHV, LHH und LHV zeigen einen hohen Korrelationskoeffizient (R=0,956; R=0,787) im co-polarisierten C- und L-Band. Der geringe Rückstreukoeffizient des X-Bandes (-12 - -24dB) sind auf die kleine Wellenlänge und der sandbedeckten Oberfläche zurückzuführen. „Therefore, one can consider the deviations in radar backscatter values at C- and L-band (as compared to the X-band data) as evidence of geologic diversity)) below the surface blow sand cover that is being best portrayed using the lower frequency SAR sensors (SCHABER ET AL. 1997:347).

Die Möglichkeit aus Radarbildern der Bänder C , L (co- oder kreuzpolarisiert) und X, Informationen über die geologischen Einheiten zu entnehmen konnte nachgewiesen werden.

„The X-, C- and L-band co-polarized data are most responsive to surface roughness or volume scatterers on the scale of the band's wavelength, while the C- and L-band cross-polarized data are more sensitive to the geometry or texture of the surface or volume scatterers" (SCHABER ET AL. 1997:350).

Abbildung 27 zeigt ein aus drei Frequenzen erstelltes Radarbild der Safsaf - Region und demonstriert die einmalige Fähigkeit der Radartechnologie, Sandbedeckungen zu durchdringen und detaillierte Informationen des Untergrundes zu liefern. Nahezu alle Strukturen sind für das Auge und für konventionelle optische Satellitensensoren nicht sichtbar (oberes Bild). Die farbliche Zusammensetzung des Radarbildes wird durch unterschiedliche Wellenlängen und Polarisationen bestimmt: rot – L-Band (VV), grün – C-Band (HH) und blau – X-Band (VV).

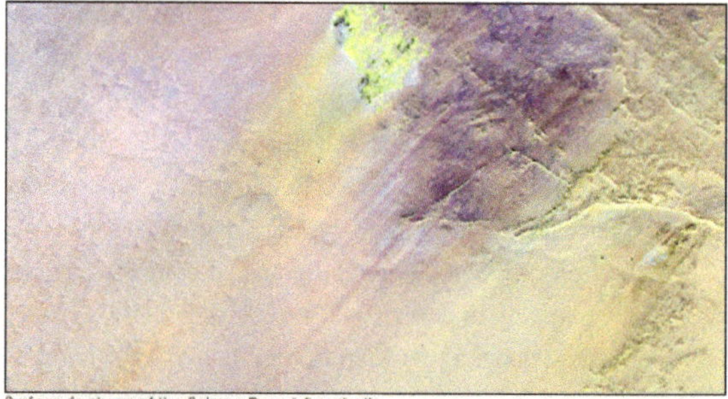

Abb.27: Landsat und Radaraufnahme Safsaf, Ägypten
(HTTP://EARTHOBSERVATORY.NASA.GOV;2006)

Areale in Rottönen sind Gebiete, welche nur durch die längste Wellenlänge, dem L-Band, detektiert werden kann, und zeigen die tiefsten Strukturen. Rezente Flussläufe im unteren Bildteil sind mit mehr als zwei Metern Sand bedeckt und erscheinen schwarz, da die Radarstrahlung sie nicht durchdringen kann.

„The fractured orange areas at the top of the image and the blue circular structures in the center of the image are granitic areas that may contain mineral ore deposits" (HTTP://EARTHOBSERVATORY.NASA.GOV/).

Geowissenschaftler nutzen die Möglichkeit des Radars für Studien zur Strukturgeologie, für Mineralexplorationen, für Hinweise zum Paläoklima, für die Erkundung von Grundwasserressourcen und für die Archäologie.

Vor allem für die Erkundung von möglichen Grundwasserspeichern ist die Detektion von Paläokanälen ("Radar Rivers") ein potentielles Einsatzgebiet. Eine Studie mit LANDSAT – Bildern in Kombination mit Radardaten von ERS1/2 in der indischen Wüste Thar zeigten Signaturen von Paläokanälen. Paläokanäle implizieren ein feuchteres Klima in vergangenen Epochen. Gebiete in denen zu früheren Zeiten grundwassergespeiste Vorfluter flossen, sind für Grundwasserexplorationen besser geeignet als nicht fluviale Zonen. "The palaeochannels of Quaternary may become major source of ground water in this region" (SINHA ET AL. 1999:5).

Für die Geoarchäologie können Paläokanäle wichtige Hinweise über eine früher Besiedlung dieses Gebietes liefern. Ein humideres Klima mit einem höheren Angebot an Wasser sind wesentliche Vorraussetzungen für menschliche Besiedlung. Ausgrabungen an verschiedenen „Radar Rivers" zeigten Artefakte menschlicher Aktivität (Werkzeuge etc.). „A large number of Acheulean stone tools, dating from at least 250,000 years B.P., were uncovered while excavating along edges of the largest radar rivers" (HENDERSON & LEWIS 1998:772).

5. Zusammenfassung

Die Radarfernerkundung bildet ein wichtiges Werkzeug in der Erkundung und Detektion spezifischer Oberflächenstrukturen, welche Hinweise auf vorhandene Lagerstätten liefern. Dabei spielt die Radarrückstreuung als Funktion von Oberflächenrauhigkeit, elektrischen Eigenschaften, Aufnahmegeometrie und Wellenlänge, die dominierende Rolle zur Abbildung der Erdoberfläche. Es kann festgehalten werden, dass bei größeren Wellenlängen (L-Band) die Oberflächenrauhigkeit am Besten dargestellt werden kann, während die Änderung des Einfallswinkels der Radarstrahlung im wesentlichen bei ebenen und intermediären Rauhigkeiten gute Ergebnisse liefert (Abb.1+2).

Aufgrund der differenzierten Rückstreueigenschaften auf unterschiedlicher Oberflächen konnte aufgezeigt werden, dass die SAR – Technologie zur Exploration von Kohlenwasserstofflagerstätten, durch die Erkundung von Ölteppichen und spezifischen geologischen Strukturen, herangezogen werden kann. Dabei zeigte vor allem das C-Band (λ=5cm) auf den Satelliten RADARSAT, ERS1/2 und der SIR – Serie gute Ergebnisse zur Detektion natürlicher Ölflächen, welche Grundlage weiterer Explorationsmaßnahmen bilden.

„Certain types of mineralization and hydrocarbon resources are often associated with specific geological structures thus, the mapping of these structures when topographically expressed can assist in the identification of areas of high mineral and hydrocarbon potential" (WILLIAMS & HUNTLEY 1998:5).

Eine weitere wichtige Eigenschaft des Radars bildet die Möglichkeit, trockene, relative ebene Sandschichten in ariden Gebieten zu durchdringen, um Informationen über die Untergrundbeschaffenheit und der geologischen Einheiten zu erlangen. Dabei zeigt das L-Band (λ=24cm) ein großes Potential zur Erkundung sogenannter „Radar Rivers" (SIR – Serie), welche für die Exploration von Grundwasser und für die Geoarchäologie, gegeben durch rezente hydrologische und klimatische Verhältnisse, herangezogen werden.

Innerhalb der Ausarbeitung und durch die Präsentation von Beispielen konnte herausgestellt werden, dass nicht eine spezifische Wellenlänge des Radars für die Exploration von Lagerstätten und von geologischen Einheiten herangezogen werden kann und verwendet werden. Vielmehr bilden multifrequente und multipolarisierte Aufnahmen unterschiedlicher Bänder (X, C , L) Grundlage für geologisch relevante Interpretationen (Kap.4.2).

Darüber hinaus muss festgehalten werden, dass für bestimmte geologische Anwendungen die Kombination von Radardaten mit Aufnahmen optischer Sensoren (LANDSAT, ASTER), aufgrund ihrer höheren Auflösung, bessere Ergebnisse liefert. Für die Exploration von Lagerstätten (Öl, Minerale) ist ebenso die Verwendung geophysikalischer Methoden (Seismik, Magnetik, Gravimetrie) unerlässlich. Aufgrund dessen kann der Einsatz der Radarfernerkundung „nur" im Zusammenspiel mit der Geophysik und der Geologie für ausreichende Ergebnisse sorgen. Jedoch ist das Potential der Radarfernerkundung, durch seine spezifischen Eigenschaften (SAR), für die Exploration von Lagerstätten und der Erkundung von „Radar Rivers" sehr groß.

Aufgrund des weltweit steigenden Energie- und Materialbedarfs ist die Exploration neuer Lagerstätten in nicht zugänglichen Gebieten unerlässlich. Durch die Unabhängigkeit des Radars von Sonneneinstrahlung und Wolkenbedeckung sowie der permanenten Verfügbarkeit der Daten, wird die Radarfernerkundung, durch Systeme wie RADARSAT, ENVISAT ASAR, ERS1/2 und SIR-C/X-SAR, auch zukünftig einen wesentlichen Beitrag zur kosteneffizienten Erkundung von Lagerstätten leisten.

Literatur

1 ABDELSALAM, M.; STERN, R. & W. BERHANE (2000): Mapping gossans in arid regions with Landsat TM and SIR-C images: the Beddaho Alteration Zone in northern Eritrea. IN: JOURNAL OF AFRICAN EARTH SCIENCE, Vol.30, No.4, 903-916. Elsevier.

2 BAGHDADI, N.; GRANDJEAN, G.; LAHONDERE, D.; PAILOU, P. & Y. LASNE (2005): Apport de l'imagerie satellitaire radar pour l'exploration geologique en zone aride. IN : C.R. GEOSCIENCE (2005), Vol.337, 719-728. Elsevier.

3 BERGER, Z.; IRVING, R. & J. CLARK (1996): Exploration applications of RADARSAT imagery in the foothills and the Western Canada Basin.

4 BREKKE, C. & A. SOLBERG (2005): Oil spill detection by satellite remote sensing. IN: REMOTE SENSING OF ENVIRONMENT (2005), VOL. 95, 1-13. Elsevier.

5 BROWN, C. & M. FINGAS (2001): NEW space-borne sensors for oil spill response. IN: INTERNATIONAL OIL SPILL CONFERENCE 2001. 911-918.

6 MCCAULEY J.F.; SCHABER, G.; BREED, C.; GROLIER, M.; HAXNES, C.; ISSAWI, B.; ELACHI, C. & R. BLOM (1982). Subsurface valleys and geoarcheology of the Eastern Sahara revealed by Shuttle radar. IN: SCIENCE (1982), Vol. 218, 1004-1020.

7 DEROIN, J.P.; DELOR, C; TRUFFERT, C & J.P. RUDANT (2000): Comparing Spaceborne ERS-SAR and Airborne geophysical Data: Application to Geology in the French Guiana rainforest landscapes. Bordeaux.

8 FORD, J. (1998): Radar Geology. IN: HENDERSON, F.M.& A.J. LEWIS (Hrsg.)(1998³): Principles and Applications of Imaging Radar. New York.

9 GERMER, S. (2001): Fernerkundung und sedimentologische Untersuchungen zur Paläohydrographie des Kufra-Beckens / Libyen. Berlin.

10 GUO, H.; ZHANG, Y.; YUN, S.; PILIANG, D. & W. CHAO (1993): Geological analysis using Shuttle Imaging Radar and airborne SAR in China. IN: ADV. SPACE RES. (1993)., Vol. 13, No.11, 79-82.

11 GUPTA, R.P. (1991): Remote Sensing Geology. Heidelberg.

12 HENDERSON, F.M. & A.J. LEWIS (1998): Principles and Applications of Imaging Radar. New York.

13 HURTAK, J. (1986): Subsurface Morphology and Geoarchaeology revealed by spaceborne and airborne radar. INTERNET: HTTP://WWW.AFFS.ORG/HTML/GEOARCHEOLOGY.HTML (Zugriff 03.01.2006).

14 LILLESAND, T.M. & R.W. KIEFER (1994): Remote Sensing and Image Interpretation. Toronto.

15 O'BRIAN, G.; GLENN, K.; LAWRENCE, G.; WILLIAMS, A.K.; WEBSTER, M.; BURNS, S. & R. COWLEY (2002): Influence of hydrocarbon migration and seepage on the benthic communities in the Timor sea, Australia. IN: APPEA JOURNAL 2002, 225-240. Adelaide.

16 RADARSAT INT. (1996): Radarsat Geology Handbook.

17 RAMADAN, T. & H. ONSI (2002): Use of ERS-2 SAR and Landsat TM Images for Geological Mapping and Mineral Exploration of Sol hamid Area, South Eastern Desert, Egypt. Cairo.

18 ROBINSON, C. (2002): Application of satellite radar data suggest that the Kharga Depression in south-western Egypt is a fracture rock aquifer. IN: INT. J. REMOTE SENSING (2002), Vol.23, No.19, 4101-4113.

19 SANDWELL, D. & W. SMITH (1997): Marine gravity anomaly from Geosat and ERS 1 satellite altimetry. IN: JOURNAL OF GEOPHYSICAL RESEARCH (1997), Vol. 102, No.B5, 10039-10054.

20 SCHABER, G.; MCCAULEY, J.F. & C. BREED (1997): The Use of Multifrequency and Polarimetric SIR-C/X-SAR Data in Geologic Studies of Bir Safsaf, Egypt. IN: REMOTE SENSING OF ENVIRONMENT (1997), No.59, 337-363. Elsevier.

21 SINGH, K.P. (1995): Monitoring of oil spills using airborne and spaceborne sensors. IN: ADV. SPACE RES. Vol.15, No.11, 101-110.

22 SINHA, A.K.; RAGHAV, K.S. & A SHARMA (1999): Palaeochannels and their recharge as drought proofing measure: Study and experiences from Rajasthan, Western India. Jaipur.

23 STERN, R. & M. ABDELSALAM (1996): The Origin of the Great bend of the Nile from SIR-C/X-SAR Imagery. IN: SCIENCE (1996), Vol.274, Issue 5293, 1696-1698.

24 STRUCKMEYER, H.I.M.; WILLIAMS, A.; COWLEY, R.; TOTTERDELL, J.M.; LAWRENCE; G. & G.W. O'BRIAN (2002): Evaluation of Hydrocarbon Seepage in the Great Australian Bight. IN: APPEA JOURNAL 2002, 371-385. Adelaide.

25 TAPLEY, I.J. (2002): Radar Imaging. IN: PAPP, E. (2002): Geophysical and Remote Sensing Methods for Regolith Exploration, CRCLEME Open file report 144, 22-32, Kensington.

26 TAY, A.K. (2003): Oil slick detection using Synthetic Aperture radar. California.

27 THURMOND, A.; STERN, R.; ABDELSALAM, M.; NIELSEN, K.; ABDEEN, M. & E. HINZ (2004): The Nubian Swell. IN: JOURNAL OF AFRICAN EARTH SCIENCE (2004), Vol.39, 401-407. Cairo.

28 THE UNIVERSITY OF TEXAS AT DALLAS (UTD) (2004): The Nile River near the Fourth Cataract. INTERNET: http://www.utdallas.edu/dept/geoscience/remsens/4thcataract.html; Zugriff 03.01.06.

29 WILLIAMS, A. & A. HUNTLEY (1998): Oil from Space–Detecting the sleeping Giants of the Deep-Water Caspain by Satellite. IN: PETEX 1998. UK.

30 WILLIAMS, A. & G. LAWRENCE (2002): The role of satellite seep detection in exploring the South Atlantic's ultradeep water. IN: SCHUMACHER, D. & L.A. LESCHACK (2002): Surface exploration case histories: Applications of geochemistry, magnetics and remote sensing. IN: GEOLOGY, No.48, 327-344.

Internet

1 Eurimage   (Zugriff 12.12.2005)

2 http://www.eurimage.com/gallery/webfiles/radar.html

3 European Space Agency (ESA)   (12.12.2005)

4 http://www.esa.int/esaCP/index.html
5 http://earth.esa.int/

6 InfoTerra   (12.12.2005)

7 http://www.infoterraglobal.com/images/seepsmodel.jpg

8 MacDonald, Dettwiler and Associates (MDA)   (13.12.2005)

9 http://www.mda.ca/radarsat%2D2/products/index.shtml

10 http://www.rsi.ca/

11 NASA Planetary Photojournal   (13.12.2005)

12 http://photojournal.jpl.nasa.gov/

13 NASA Earth Observatory

14 http://earthobservatory.nasa.gov/

15 North Africa Research Group GeoNet   (12.12.2005)

16 http://www.northafrica.de/egypt.htm

17 NPA Group   (12.12.2005)

18 http://www.npagroup.co.uk/index.htm

19 The Canada Centre for Remote Sensing   (13.12.2005)

20 http://ccrs.nrcan.gc.ca/resource/tutor/fundam/index_e.php

21 UC Santa Barbara Department of Geography   (13.12.2005)

22 http://www.geog.ucsb.edu/~jeff/115a/remote_sensing/remotesensing.html

Anhang

Some satellites carrying SAR instruments

Satellite (sensor)	Operative	Owner	Characteristics
SEASAT	1978–off same year	NASA	L-band, HH-pol
ALMAZ-1	1991–1992	Russian Space Agency	S-band, HH-pol
ERS-1	1991–1996	ESA	C-band, VV-pol
ERS-2	1995–operating	ESA	C-band, VV-pol
RADARSAT-1	1995–operating	CSA	C band, HH pol
ENVISAT (ASAR)	2002–operating	ESA	C-band, HH and VV, alt. pol., and crosspol. modes

Tab.1:
BREKKE & SOLBERG 2005

C-band 4–8 GHz, λ 3.75–7.5 cm, L-band 1–2 GHz, λ 15–30 cm and S-band 2–4 GHz, λ 7.5–15 cm.

Examples of satellite modes

SAR sensor	Mode	Resolution (m)	Pixel spacing (m)	Swath width (km)	Incidence angle (°)
ERS-2	PRI	30×26.3	12.5×12.5	100	20–26
ENVISAT	Image Mode (Precision Image)	30×30	12.5×12.5	100	15–45 (7 swaths)
RADARSAT-1	SCN	50×50	25×25	300	20–46
RADARSAT-1	SCW	100×100	50×50	450–500	20–49
ENVISAT	WSM	150×150	75×75	400	16–44

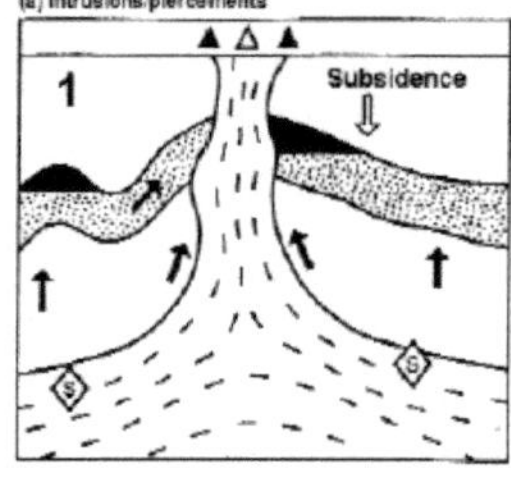

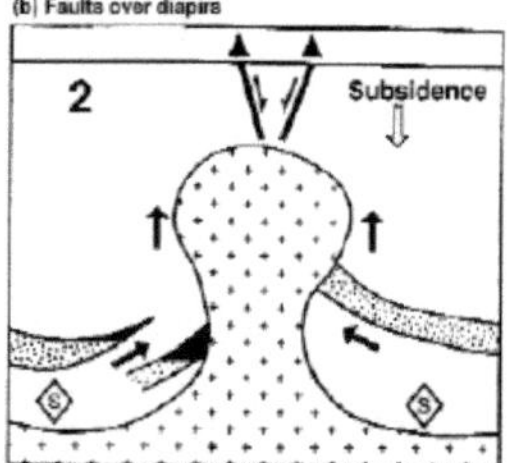

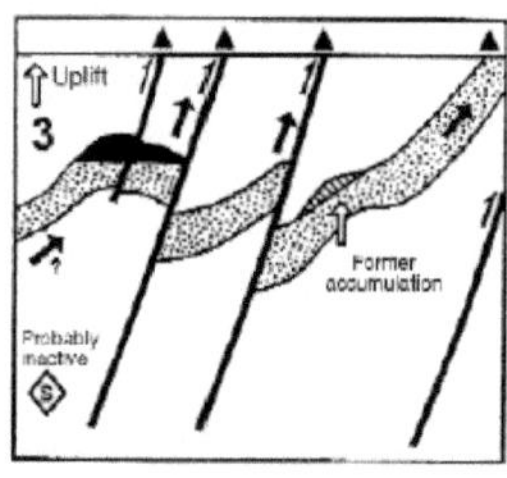

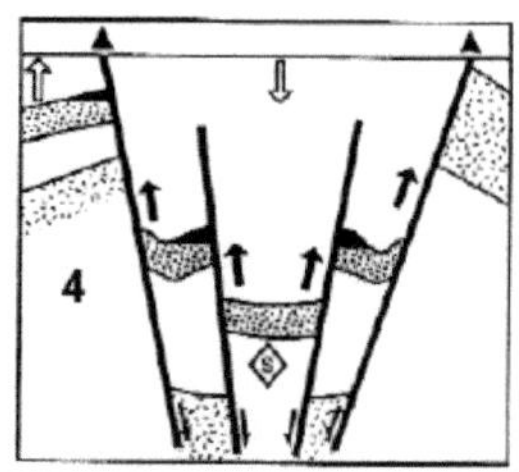

Abb.19: geologische Strukturen möglicher Erdölfallen (WILLIAMS & HUNTLEY 2002:363)

35

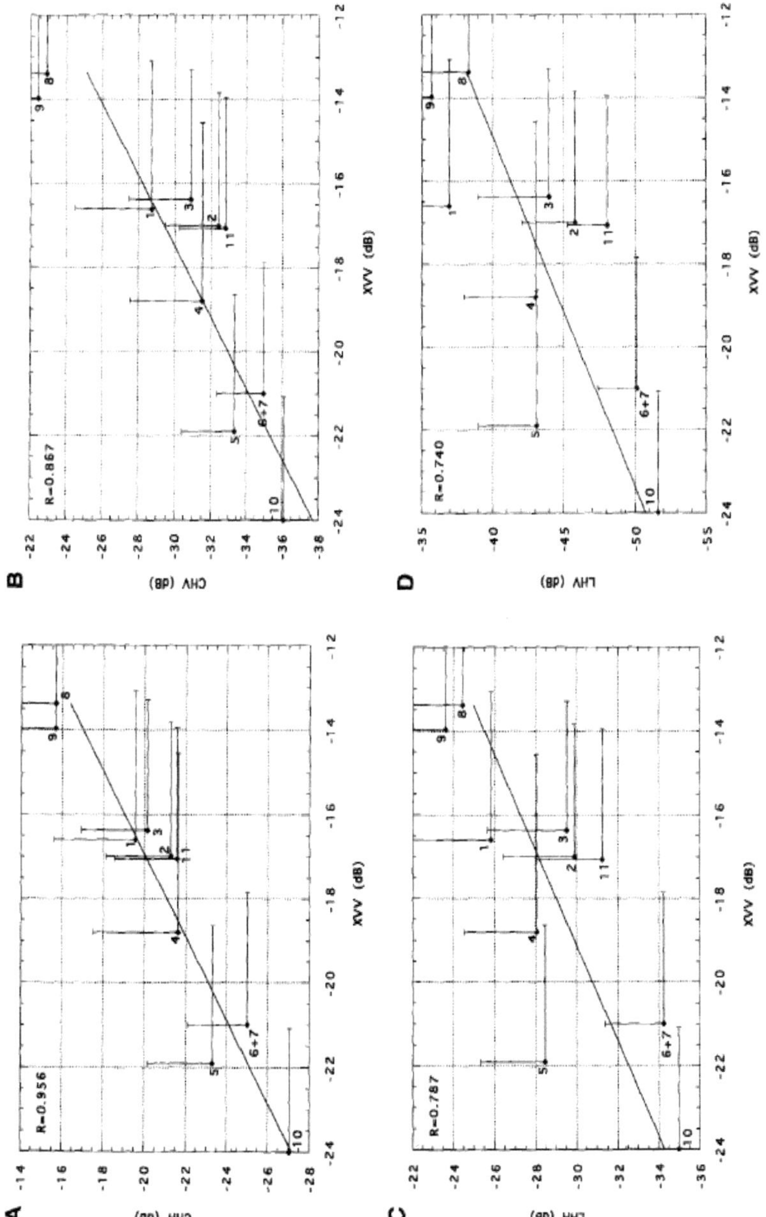